BEI GRIN MACHT SICH IHR WISSEN BEZAHLT

- Wir veröffentlichen Ihre Hausarbeit,
  Bachelor- und Masterarbeit

- Ihr eigenes eBook und Buch -
  weltweit in allen wichtigen Shops

- Verdienen Sie an jedem Verkauf

Jetzt bei www.GRIN.com hochladen
und kostenlos publizieren

Bibliografische Information der Deutschen Nationalbibliothek:

Die Deutsche Bibliothek verzeichnet diese Publikation in der Deutschen National-
bibliografie; detaillierte bibliografische Daten sind im Internet über http://dnb.d-
nb.de/ abrufbar.

Impressum:

Copyright © 2017 GRIN Verlag, Open Publishing GmbH
Druck und Bindung: Books on Demand GmbH, Norderstedt Germany
ISBN: 9783668518636

Dieses Buch bei GRIN:

http://www.grin.com/de/e-book/373484/die-geschichte-des-kaffees-und-die-
hauptwirkungen-und-wirkungsmechanismen

Hanif Rahimy

Die Geschichte des Kaffees und die Hauptwirkungen und Wirkungsmechanismen von Koffein im menschlichen Körper

Genuss- oder Suchtmittel?

GRIN Verlag

Die Geschichte des Kaffees und die Hauptwirkungen und Wirkungsmechanismen von Koffein im menschlichen Körper

Genuss- oder Suchmittel?

Facharbeit im Grundkurs Chemie
von Hanif Rahimy

Schuljahr 2016/2017   Stufe Q2

Münster, den 08. Juni 2017

Inhaltsverzeichnis

1.Einleitung

„Kaffee gibt mir neue Energie" „Mit Kaffee kann ich viel mehr leisten" - Nicht selten erhält man eine solche Antwort, wenn man die Öffentlichkeit fragt, weshalb sie morgens auf ihre Tasse Kaffee besteht. Knapp dreiviertel der Gesamtbevölkerung und sogar 90% der über 46-Jährigen gibt an, täglich Kaffee zu konsumieren, damit gilt es als Lieblingsgetränk der Deutschen.[1] Doch ganz ungefährlich scheint das im Kaffee enthaltene Koffein nicht zu sein, wenn man wie neulich zum Beispiel in den Medien hört, dass ein Teenager an Koffein- Überdosis gestorben ist.[2] So soll der Amerikaner die Wirkung von Koffein unterschätzt haben und an dessen Folgen umgekommen sein.

Aber wie wirkt Koffein im menschlichen Körper und was macht es mit uns? Warum fällt es Kaffeetrinkern schwer, auf diesen Koffeinschub zu verzichten; ist das schon ein Zeichen der Abhängigkeit? Auf ebendiese Fragen möchte ich in dieser Facharbeit eingehen.

Zunächst wird kurz ein Blick auf die Geschichte des Kaffees und dessen Forschung geworfen, um einen ersten Einblick in die Thematik zu ermöglichen. Bevor dann im Folgenden die Hauptwirkung des im Kaffee vorhandenen Koffeins auf das zentrale Nervensystem untersucht wird, setze ich mich mit der Frage auseinander, worin sich ein Genussmittel von einem Suchtmittel unterscheidet, um am Ende den Kaffee darin einordnen zu können. Zum Schluss wird sich mit dem „Coffein Shampoo" von Alpecin beschäftigt, um zu schauen, weshalb dieses Produkt so beliebt bei dem älteren Teil der Gesellschaft ist und, ob es wirklich gegen Haarausfall hilft, wie es in der Werbung behauptet wird.

Ich interessiere mich für dieses Thema, da ich selbst keinen Kaffee trinke und es mir unerklärlich erschien, weshalb meine Mitmenschen über Kopfschmerzen, Konzentrationsmangel und Trägheit klagten, wenn sie ihren

---

[1] EDplus vom Februar 2012 - „Kaffee - des Deutschen liebstes Kind"
[2] Faz   vom 16. Mai 2017 .   „ Jugendlicher stirbt an Koffein- Überdosis"

morgendlichen Kaffee einmal ausfielen ließen, während ich mich in einer
körperlich besseren Verfassung befand.

2.Geschichte des Kaffees und Koffeins

Kaffee- das nach Erdöl wichtigste Welthandelsprodukt wird in fast 80 Ländern
angebaut und überall auf der Welt getrunken. Schon im 16. Jahrhundert war
Kaffee, vor allem in den arabischen Ländern und der Türkei, sehr begehrt,
obschon seinerzeit weder die wirksame Substanz Koffein bekannt war, noch
dessen Wirkung wissenschaftlich belegt werden konnte.[3] Dennoch fand,
nachdem das erste Kaffeehaus in Istanbul eröffnet wurde, der Markt schon
bald seine Nachfrage in den europäischen Städten wie London, Venedig und
Oxford.[4] Erst eineinhalb Jahrzehnte (1820) später gelang es dem Apotheker
Friedlieb Ferdinand Runge im Auftrag Goethes den Wirkstoff Koffein von der
Kaffeebohne zu isolieren. Seitdem weiß man, dass es sich beim Koffein, um
ein weißes Pulver handelt.[5] Jedoch hat die Menschheit weitere zwölf Jahre
gebraucht, um auf die Summenformel $C_8H_{10}N_4O_2$ und nochmal weitere 43
Jahre, um auf die chemische Struktur des Koffeins zu schließen. Nach der
klassischen Nomenklatur wird das Koffein $1,3,7-Trimethyl-2,6\,purindion$ genannt
und dementsprechend handelt es sich bei dem Molekül um ein stickstoffhaltiges
Purinalkaloid, welches aus einem Doppelring besteht.[6] Zwar wusste man
Ende des 19. Jahrhunderts, wie Koffein aussieht, aber die einzelnen
Wirkungsmechanismen waren zu dieser Zeit noch immer nicht bekannt; erst
im darauffolgenden Jahrhundert konnten Forscher erforschen, wie das

---

[3] www.mocino.com - „Welthandel und die Wirtschaftliche Bedeutung von Kaffee"
[4] Ebenda
[5] Chemie.de - Lexikoneintrag zu „Koffein"
[6] Ebenda

zentrale Nervensystem des Menschens auf Koffein reagiert. Auf die Wirkungsmechanismen des Koffein wird in dieser Facharbeit später genauer eingegangen.

3.Wo hört Genuss auf, wo fängt die Sucht an?

Da das Ziel der Facharbeit darin besteht, herauszufinden, ob koffeinhaltige Getränke zu den Genussmitteln gehören oder es sich bei diesen Getränken schon um Suchtmittel handelt, werden diese Begriffe zunächst definiert.

Jeder verbindet mit dem Begriff des Genusses etwas anderes, so genießt der eine die Schokoladentafel und ein Anderer seine Tasse Kaffee am Morgen und wiederum ein Anderer seine Flasche Bier zum Feierabend. Auch wenn es manchmal leicht scheint ein Genussmittel von einem Suchtmittel zu unterscheiden, ist dem nicht immer so. Eher im Gegenteil, es besteht ein fließender Übergang vom Genuss zur Sucht und kein Betroffener gesteht sich gerne ein, dass er an einer Abhängigkeit leidet. *Sucht* wird medizinisch und auch von der Weltgesundheitsorganisation (WHO) als einen „Zustand periodischer oder chronischer Vergiftung, hervorgerufen durch den wiederholten Gebrauch einer natürlichen oder synthetischen Droge"[7] definiert. Da es schwierig ist klare Grenzen zu ziehen, gibt es grobe internationale Kriterien von der *WHO*, in welchen Fällen man von einer Sucht sprechen kann. Sollte man mehr als zwei der folgenden Fragen mit „Ja" beantworten müssen, so gilt man, nach der WHO, als Suchtopfer:

1) Habe ich über einen längeren Zeitraum einen inneren Zwang zum Konsum?

2) Hat meine Kontrolle über den Zeitpunkt und die Menge des Konsums abgenommen?

3) Muss die Dosis erhöht werden, um die gleiche Wirkung zu erzielen?

4) Gibt es körperliche Entzugsprobleme beim Beenden oder Reduzieren des Suchtmittels?

5) Werden andere Vergnügen und Interessen aufgrund des Suchtmittels zunehmend vernachlässigt?

---

[7] Uni-Regensburg vom 26. Juni 2012 - „Was ist Sucht?"

6) Weiß ich, dass die Substanz mir schadet und nehme sie trotzdem weiter ein?[8]

4. Hauptwirkungen des Koffeins

Um die Hauptwirkungen des Koffeins zu untersuchen, haben Forscher der Universität Zürich ein Experiment durchgeführt. Dabei hat man 40 Versuchspersonen darum gebeten, 40 Stunden am Stück wach zu bleiben und regelmäßig an Reaktionstests teilzunehmen. Parallel dazu wurden deren Gehirnaktivitäten von den Forschern analysiert. Vor dem Beginn des Experiments haben 20 Probanden eine Kapsel mit 200 mg Koffein bekommen und die restlichen Teilnehmer erhielten unwissentlich eine Placebo- Kapsel. Während am Anfang alle Teilnehmer gleich gut beim Reaktionstest abgeschnitten hatten, waren nach einer schlaflosen Nacht signifikante Unterschiede zwischen den Probanden zu erkennen.[9]

Bei den Testpersonen, die kein Koffein eingenommen haben, verzögerte sich nach 18 Stunden die Reaktionszeit um zusätzliche 1,2 Sekunden, ad interim die Versuchspersonen mit Koffein im Blut fast genauso schnell wie am Anfang reagieren konnten. Aus diesen Ergebnissen schlussfolgerten die Experten mehrere Thesen :

Einerseits könne man durch diese Ergebnisse belegen, dass Koffein Menschen länger leistungsfähig hält und andererseits Müdigkeitserscheinungen vorbeugen kann. Anhand der Analyse der Gehirnaktivitäten konnte man auch nachweisen, dass sich Koffein stimulierend auf das Gehirn auswirkt.[10] Darüber hinaus hat man gemessen , dass die Halbwertszeit des Koffeins im Körper gesunder Menschen vier Stunden beträgt, dementsprechend lässt sich für den Zerfall des Wirkstoffs im menschlichen Körper diese Funktionsgleichung aufstellen: $f(t) = c * e^{-0.173 * t}$

---

[8] Alkohol-freies-Leben.de vom 29. Mai 2010 - „Wo hört Genuss auf, wo fängt Sucht an!"
[9] Quarks & Co (WDR) vom 12. Juli 2012
[10] Ebenda

(*c* steht für die Anfangskonzentration; *t* für die vergangene Zeit in Stunden).

Daraus ergibt sich,dass selbst 17 Stunden nach dem Kaffeekonsum mehr als 5% des Wirkstoffs sich im Blut befinden wird. Dies erklärt auch, weshalb vor allem empfindliche Menschen nach dem Kaffeekonsum unter Schlafstörungen leiden.

Zudem konnten außerhalb dieses Versuchs von Forschern weitere Auswirkungen nachgewiesen werden. So werden aufgrund des Koffeins bei Menschen die Blutgefäße in der Peripherie erweitert, sodass die Bronchien größer und der Stoffwechsel erhöht wird. Der erhöhte Stoffwechsel erklärt, weshalb die Versuchspersonen mit Koffein im Blut konzentrierter arbeiten konnten. Aufgrund dieser Wirkung haben sich Sportler in der Vergangenheit auch oft mit Koffein gedopt.[11]

Koffein erweitert jedoch nicht nur die Blutgefäße in der Peripherie, sondern verengt diese gleichzeitig auch im Gehirn. Dadurch können vor allem Kopfschmerzen gelindert werden. Aufgrund dessen findet man auch immer häufiger Koffein in Kopfschmerztabletten.[12]

Doch ist das Gehirn einmal an die verengten Blutgefäßen gewöhnt, so können relativ schnell Kopfschmerzen als Nebenwirkung erscheinen, wenn man den Kaffee am Morgen ausfallen lässt und die Blutgefäße sich plötzlich wieder erweitern. Bei vielen Menschen treten oft zusätzliche negative Folgen wie erhöhter Blutdruck, Pulsschlag und Herzschlag nach dem Kaffeekonsum auf. Vor allem der letzteren Punkte wegen sollte man den Verbrauch stets im Auge behalten.

Aber was macht das Koffein in unserem Nervensystem, sodass wir diese oben genannten Wirkungen wahrnehmen können? Auf diese Frage werde ich im nächsten Kapitel näher eingehen.

---

[11] Focus vom 30. Juni 2010: „Doping: Koffein erhöht die Muskelkraft"
[12] T-online: „Sind Schmerzmittel mit Koffein bei Kopfschmerzen eine Lösung?"

5. Der Wirkungsmechanismus von Koffein

Die meisten Kaffeetrinker spüren täglich die Wirkung des Koffeins, aber wie greift das Koffein in bestimmte Prozesse unseres Körpers ein, sodass wir uns „wacher" fühlen? Um diesen Prozess zu begreifen, muss man einen Blick auf das zentrale Nervensystem werfen.

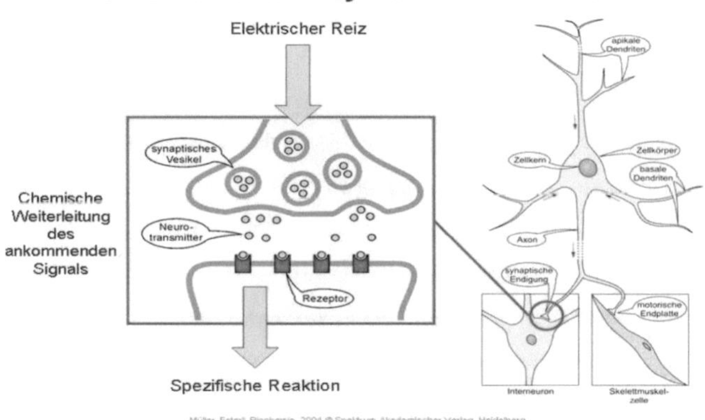

13

Ist der Mensch gerade am Arbeiten, Lernen oder betätigt sich anderweitig körperlich, so sind die Nervenzellen im Gehirn aktiv und verbrauchen Energie, wobei als Nebenprodukt Adenosin entsteht. Dieses Adenosin dockt an bestimmte Rezeptoren und aktiviert diese. Sind die Rezeptoren mal aktiviert, so werden Informationen langsamer von Nervenzelle zu Nervenzelle weitergeleitet. Dies nehmen wir in Form der Müdigkeit wahr. Je aktiver die Nervenzellen, desto mehr Adenosin wird ausgeschüttet. Dieser Mechanismus sorgt in der Regel dafür, dass unser Gehirn sich nicht überanstrengt und nach einer langen Arbeitsphase das Bedürfnis nach Erholung verspürt.[14]

Genau an dieser Stelle mischt das Koffein diesen Prozess auf. Koffein hat eine ähnliche Struktur wie Adenosin und kann deshalb an den gleichen

---

[13] Abbildung von http://www.doping-prevention.com
[14] Linder Biologie vom Schrödel: S. 212

Rezeptoren wie Adenosin andocken. Ist das Koffein einmal im Nervensystem angelangt, so dockt es sofort an den Rezeptoren an, ohne diese jedoch zu aktivieren. Da diese Rezeptoren dann schon vom Koffein besetzt werden, wird das im Nervensystem produzierte Adenosin abgestoßen und es wird somit kein Signal zum langsamen Arbeiten gesendet. Die Nervenzellen arbeiten so weiterhin auf Hochtouren. Dies erklärt nun, weshalb bei dem vorherigen Versuch die Testpersonen mit Koffein im Blut nach einer schlaflosen Nacht leistungsstärker waren als die ohne Koffein. Doch bevor man nun den Schluss zieht, dass Koffein leistungsfördernd wirkt, sollte man sich den Prozess im Nervensystem langfristig anschauen. So fällt auf, dass bei regelmäßigem Koffeinkonsum im Nervensystem mehr Adenosin- Rezeptoren ausgebildet werden.[15] Dies bedeutet im Klartext, dass man den Kaffeekonsum stetig erhöhen muss, um die gleiche Wirkung zu erzielen. Dementsprechend reagieren diese Menschen besonders empfindlich, wenn die Betroffenen auf ihren Kaffee verzichten. Da bei regelmäßigen Kaffeetrinkern im Nervensystem deutlich mehr Adenosin- Rezeptoren als bei ,,nicht-Trinkern" vorhanden sind, bekommen erstere beim Verzicht von Kaffee im Nervensystem früher das Signal, langsamer zu arbeiten, weshalb sie ohne Kaffee dann träger wirken als „nicht-Trinker",

Wichtig zu erwähnen ist hier, dass man den Körper relativ schnell vom Koffein auch wieder entwöhnen kann. Nach lediglich zwei Wochen ohne Koffein werden diese Menschen sich ganz ohne den Kaffee am Morgen in guter körperlicher Verfassung befinden.[16]

---

[15] gesundheit.de vom 4. Januar 2012 : „Koffein"
[16] Quarks & Co (WDR) vom 17. Juli 2012

6. Koffein im Shampoo

Koffein begegnen wir beinah täglich im Alltag. Nicht nur das Lieblingsgetränk der Deutschen enthält Koffein, sondern auch immer mehr andere Lebensmittel wie zum Beispiel Energy Drinks, Tee oder Schokolade. Dies ist zwar kein Grund zur Besorgnis, jedoch sollte man, vor allem, wenn man unter Schlafstörungen oder Bluthochdruck leidet, dies zur Kenntnis nehmen.

Aber längst befinden sich nicht nur in unseren Nahrungsmittel Koffein, sondern auch in alltäglichen Haushaltsprodukten. Im Folgenden wird das „Coffein Shampoo" von Alpecin aufgrund seiner Wirkung kritisch untersucht. Seit Jahren macht Alpecin damit Werbung, dass durch Koffein im Shampoo das Haarwachstum gefördert werde. Die Nachfrage an diesem Produkt steigt stetig, jedoch stimmt dies, was Alpecin behauptet? Wie soll Koffein im Shampoo das Haarwachstum fördern können?

Auf der Homepage von Alpecin ist zu lesen, dass aufgrund des erhöhten Testosteron im Alter ein Energiemangel in den Haarwurzeln entstehen würde. Durch den Energiemangel stürben die Haarwurzeln im Alter ab, sodass der Mensch dann an Haarausfall leidet. Weiterhin wird behauptet, dass Koffein die Wirkung von Testosteron ausgleichen könne, damit die Haarwurzeln wieder „aktiviert" [17] werden. Diese These wird durch selbst durchgeführte oder bezahlte Studien untermauert, welche besagen, dass die Wachstumsphase der Haarwurzeln durch das Koffein länger werden. An dieser Stelle ist eine Quellenkritik angebracht:

Auch wenn Alpecin mit der angeblich positiven Wirkung von Koffein Werbung macht, ist klar zu stellen, dass außer die bezahlten Studien von Alpecin es keine wissenschaftliche Belege für diese Behauptung gibt.[18] Zwar wird zur Zeit von Experten vermutet, dass Koffein nicht schädlich für die Haare ist, aber dennoch glauben sie, dass eine Kopfmassage effizienter sei, um die Haarwurzeln zu stimulieren und zu aktivieren. Erstaunlich ist, dass es Menschen gibt, die solche Produkte, wie das Shampoo von Alpecin erwerben, obwohl dessen Wirkung nicht klar bewiesen ist. An dieser Stelle wäre ein kritischerer Blick der Konsumenten wünschenswert.

---

[17] Alpecin : „Haarausfall ist das Thema Nr. 1"
[18] Spiegel vom 11. Juni 2015 - „ Hilft Koffein gegen Haarausfall?"

7. Schlusswort zur Fragestellung "Kaffee: Fluch oder Segen? "

Die Auseinandersetzung mit der Fragestellung „Koffein: Genuss- oder Suchtmittel?" zeigt mir deutlicher als zuvor, wie komplex das zentrale Nervensystem auf Koffein reagiert und wie wichtig es ist, den Mechanismus im Körper zu verstehen, um die „gesunde" Koffeindosis für sich zu finden.

In dieser Facharbeit wollte ich herausfinden, ob man Koffein schon zu den Suchtmitteln zuordnen kann oder es dem Menschen lediglich als Genussmittel dient. Dabei habe ich mir den Wirkungsprozess des Koffeins im menschlichen Körper genau angeschaut, um zu untersuchen, weshalb es Kaffeetrinkern so schwer fällt, auf diesen Koffeinschub zu verzichten.

Anhand der Suchtkriterien der Weltgesundheitsorganisation (WHO), welche im zweiten Kapitel beschrieben wurden, möchte ich versuchen ein Fazit zu ziehen:

Da sehr viele Kaffeetrinker sowohl über einen längeren Zeitraum einen inneren Zwang zum Konsum verspüren, als auch, wie im vierten Kapitel *„Der Wirkungsmechanismus von Koffein"* erläutert, die Dosis erhöht werden muss, um die gleiche Wirkung zu erzielen, müssen die erste und dritte Frage[19] klar mit *„Ja"* beantwortet werden. Bei Menschen, die regelmäßig Kaffee trinken, kommt noch hinzu, dass sie bei Verzicht auf Koffein unter körperlichen Entzugsproblemen wie zum Beispiel Kopfschmerzen[20] leiden, weshalb für diese Betroffenen auch die vierte Frage mit *„Ja"* zu beantworten ist. Nach der Definition von einem *Suchtopfer* kann man sagen, dass bei Kaffeetrinkern mindestens die Gefahr vorhanden ist, in die Sucht zu verfallen ohne dies wirklich zu bemerken. Doch wie so oft kann man zu dieser Frage keine universelle Antwort geben, denn das muss man noch immer von Einzelfall zu Einzelfall entscheiden. Denn wie schon auf den vorherigen Seiten

---

[19] s.   Kapitel 2
[20] Vgl. Kapitel 4

herausgearbeitet, kann der Mensch sich im Vergleich zum Alkohol relativ schnell vom Koffein entwöhnen, aus welchem Grund so selten von Sucht gesprochen wird.

Mich als „Nicht-Kaffeetrinker" hat es bei dieser Arbeit nicht nur interessiert, ob man beim Koffeinkonsum schon von *Sucht* sprechen kann, sondern auch welche Dosis am Effektivsten für den Menschen ist. Da Koffein sich stimulierend auf die Psyche auswirkt und den Stoffwechsel erhöht, weswegen man sich, wie das in dem dritten Kapitel vorgestellte Experiment belegt, über einen längeren Zeitraum besser konzentrieren kann, scheint es der ideale Hilfsstoff für Prüfungsphasen zu sein. Da das zentrale Nervensystem jedoch rasch auf die Wirkung des Koffeins mit der Ausbildung von mehr Adenosin-Rezeptoren reagiert, hilft der Wirkstoff ausschließlich, wenn man ein Gelegenheitstrinker ist. Ob Koffein nun Fluch oder Segen für die Menschheit ist, wage ich mich nicht eine Äußerung abzugeben, aber ich denke, dass, wenn man bescheid weiß, wie Koffein auf den Menschen wirkt und die Dosis gut unter Kontrolle hat, es ein nützlicher Wegbegleiter im Leben sein kann.

8.Literaturverzeichnis

[1] EDplus - 02/2012 - „Kaffee - des Deutschen liebstes Kind" von W olfgang Franz -
entnommen am 20.Mai 2017 aus http://www.ed-info.de/edplus/ArtikelAnsichtArc.php?newsId
=242

[2] Faz vom 16. Mai 2017 - „Jugendlicher stirbt an Koffein- Überdosis" von Unbekannt -
entnommen am 20. Mai 2017 aus http://www.faz.net/aktuell/gesellschaft/gesundheit/
jugendlicher-stirbt-an-koffein-ueberdosis-15019522.html

[3] https://www.mocino.com/kaffeewelt/welthandel/ letzter Zugriff am 29. Mai 2017
[4] s.o

[5+6] Chemie Lexikon entnommen am 05. Juni 2017 aus
http://www.chemie.de/lexikon/Koffein.html

[7] Uni-Regensburg vom 26. Juni 2012 - ,,Was ist Sucht" - Entnommen am 06. Juni 2017
aus http://www.uni-regensburg.de/universitaet/arbeitskreis-sucht/was-ist-sucht-/
index.html
[8] Alkoholfreies Leben vom 29. Mai 2010 - ,,Wo hört Genuss auf, wo fängt Sucht an!"
entnommen am 05. Juni 2017 aus http://alkohol-freies-leben.de/alkohol/wo-hoert-
genuss-auf-wo-faengt-sucht-an

[9+10] Quarks & Co vom 17. Juli 2012 (WDR) - entnommen am 20. Mai 2017 aus
https://www.youtube.com/watch?v=eTYsQUqodeE

[11] Focus vom 30. Juni 2010 - „Koffein erhöht die Muskelkraft" von Unbekannt
entnommen am 22. Mai 2017 aus http://www.focus.de/gesundheit/gesundleben/fitness/
news/doping-koffein-erhoeht-die-muskelkraft_aid_525230.html

[12] t-online - „Sind Schmerzmittel mit Koffein bei Kopfschmerzen eine Lösung?" von
Unbekannt
entnommen am 20. Mai 2017 aus http://www.t-online.de/ratgeber/gesundheit/beschwerden
/id_50321834/sind-schmerzmittel-mit-koffein-bei-kopfschmerzen-eine-loesung-.html

[13]*Abbildung* am 22. Mai entnommen aus http://www.doping-prevention.com/de/der-menschliche-koerper/zentrales-nervensystem/zentrales-nervensystem.html - entnommen am 22. Mai 2017

[14] Schulbuch: Linder Biologie vom Schrödel : S. 212
[15] gesundheit.de vom 04. Jan 2012 - „Koffein" von Kathrin Mehner - entnommen am 22. Mai aus
https://www.gesundheit.de/ernaehrung/richtig-trinken/tee-und-kaffee/koffein
[16] s. [8]
[17] Alpecin „Haarausfall ist das Thema Nr. 1" - entnommen am 22. Mai aus https://www.alpecin.com/de/haarprobleme/haarausfall.html

[18] Spiegel vom 11. Juni 2015 - ,,Hilft Koffein gegen Haarausfall?" von Julia Merlot - Entnommen am 6.6.2017 aus
http://www.spiegel.de/gesundheit/diagnose/hilft-koffein-shampoo-bei-haarausfall-mythos-oder-medizin-a-1035743.html